INTRODUCCION

El Electromecánico es la persona que, bajo supervisión, es responsable de la ejecución del mantenimiento de los diferentes equipos que conforman una Subestación, de igual forma participa en el mantenimiento de Líneas de Transmisión. Estas funciones las realiza a través de un grupo de trabajo denominado "Cuadrilla de Mantenimiento".

Estas actividades deben ser cumplidas por trabajadores con alto sentido de responsabilidad, disciplina, objetividad, gran capacidad de comunicación y, ante todo, conocimiento de los equipos a mantener

Conocer lo concerniente a la seguridad laboral durante la realización de actividades de mantenimiento en Subestaciones Eléctricas y Líneas de Transmisión, es fundamental para realizar las mismas de manera exitosa, cuidando de los trabajadores y de los equipos, la presente obra contiene un material de importancia referente a todo lo que tiene que ver con lo referente a la seguridad laboral, con lo cual el escritor espera sea de gran ayuda para todo aquel personal que realiza actividades de campo tanto en Subestaciones Eléctricas como en Líneas de Transmisión.

CAPITULO I

Manejo de Herramientas

¿Qué es una Herramienta?
Es un instrumento generalmente de hierro o acero, fabricado según el uso que se le dará, para hacer más fácil y eficaz el trabajo.

¿Qué Tipos de Herramientas Existen?
Existen varios tipos de herramientas:

- Herramientas Individuales
- Herramientas Colectivas
- Accesorios Especiales

Herramientas Individuales
Son herramientas de uso personal muy comunes, las cuales se utilizan según el trabajo del usuario y requieren de cierta habilidad manual. Como ejemplo de estas herramientas, se mencionan las siguientes: Alicates con Mango Aislante, Destornillador, Navaja, etc.

Herramientas Colectivas
Son herramientas cuyo uso es ocasional pero necesario y exigen habilidad manual, como ejemplo se mencionan: Dobladora de Tubo, Llaves Ajustables, Llaves Fijas, Allen, Martillo, etc.

DEDICATORIA.

Al Dios del Universo por darme la vida cada día e infinitas oportunidades de vivirla

A mis Padres Carlos, Carmen y Margot, a mi Hijo Carlos Manuel, a mi esposa Yalexis, a mis Hermanos, a mis Sobrinos, demás familiares y amigos, quienes siempre han creído y confiado en mí, y me han apoyado en todo momento ante cualquier circunstancia

Carlos Carreño

ÍNDICE GENERAL

	Pág.
DEDICATORIA	I
ÍNDICE GENERAL	II
INTRODUCCIÓN	IV

CAPITULO I
Manejo de herramientas 1

CAPITULO II
La Seguridad Industrial 9

CAPITULO III
Medidas de Seguridad 17

CAPITULO IV
Uso de los Equipos de Protección Personal 19

CAPITULO V
Los Primeros Auxilios 29

CAPITULO VI
Los Riesgos Eléctricos 40

CAPITULO VII
Levantamiento y Transporte de Cargas 54

CAPITULO VIII
La Prevención y Extinción de Incendios 59

CAPITULO IX
Planificación del Mantenimiento 68

Accesorios Especiales

Son elementos indispensables para la buena ejecución de los trabajos, además de cumplir con las normas de higiene y seguridad integral; como ejemplo se mencionan: Cinturón de Seguridad, Cintúrón Portaherramientas, Casco de Seguridad, Guantes de Labor, etc.

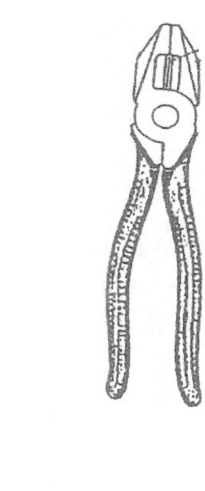

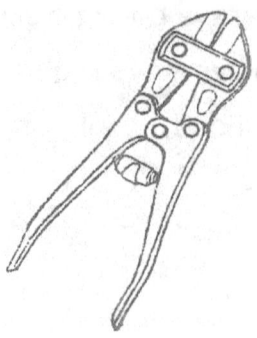

Manejo y Aplicación de Herramientas

Toda herramienta tiene su aplicación específica, en tal sentido se tienen las recomendaciones siguientes:

- Cada Herramienta debe ser utilizada solamente para el uso correspondiente y del modo más apropiado, es decir, no se debe usar una Llave Ajustable como Martillo, ni una Pinza como Llave Ajustable.

- Las Herramientas deterioradas o en malas condiciones, no deben ser utilizadas.

- Solicite su reparación o sustitución.

- Dedicar particular atención al estado del Aislamiento de las Herramientas o Equipos de Trabajo, los mismos deben ser usados correctamente.

- En general, las Herramientas dotadas de mango o empuñadura no deben ser utilizadas cuando tales partes estén deterioradas, o estén inadecuadamente fijadas

- Las Llaves Fijas deben corresponderse con la medida de los tornillos o tuercas, sobre las cuales deben ser utilizadas.
- Debe evitar prolongarse con tubos u otros medios el mango de las llaves. Tal prolongamiento sólo puede ser efectuado cuando la llave tenga el mango diseñado para tal efecto y que el medio de prolongación sea suministrado como dotación normal de la llave.

- Evite sostener Herramientas Eléctricas Portátiles mediante el cable de alimentación.

- Para desconectar una Herramienta o Equipo Eléctrico conectado a un tomacorriente, no debe halarse el cable de alimentación, debe extraerse el enchufe del tomacorriente.

- El aislamiento del Cable de Alimentación y el Enchufe de las Herramientas Eléctricas Portátiles, debe ser chequeado frecuentemente y, por tanto, antes de su utilización.

- La disponibilidad fuera del estuche original de los Equipos y Herramientas, debe ser reducida al mínimo indispensable.

El Mantenimiento de las Herramientas

Las herramientas y equipos deben ser adecuadamente almacenados para evitar su deterioro, sin embargo, dependiendo del tipo y frecuencia de uso, requieren de un buen mantenimiento como: Limpieza, Engrase, Calibración, Ajustes, Sustitución de Partes, etc.

Herramientas más Comunes Utilizadas por el Electromecánico

A continuación, se mencionan algunas:
- Alicate con Mango Aislante
- Pinzas con Mango Aislante (de corte, pelacables, etc.)
- Destornilladores
- Navaja
- Tenazas
- Llaves Fijas, Ajustables, Allen, etc.
- Martillo
- Seguetas
- Centropunto
- Cepillo de Alambre

Equipos más Comunes Utilizados por el Electromecánico
- Equipos Portátiles
- Indicador de Secuencia de Fases
- Detector Ausencia de Tensión
- Densímetro
- Impulsógrafo
- Espinterómetro (Chispómetro)
- Medidor Resistencia de Puesta a Tierra
- Medidor Resistencia de Contactos
- Multímetro (Tester)

Equipos de Elevación:
- Señoritas
- Tirfor
- Guinches

- Pateclas
- Polipastos

Accesorios más Comunes Utilizados por el Electromecánico

Entre estos elementos se mencionan los siguientes:

- Cascos de Seguridad
- Calzado de Seguridad
- Cinturón de Seguridad
- Guantes Aislantes
- Guantes de Labor
- Lentes Protectores
- Cinchas
- Cartucheras
- Pertigas

Herramientas como Causa de Accidentes

La aparición de las herramientas en la industria marca un momento singular para el trabajo del hombre; se cuenta con infinidad de éstas para reducir considerablemente el esfuerzo del hombre y hacer más efectivo su trabajo, así como también evitar los accidentes cuando se usan correctamente.

Las aparentes inofensivas herramientas son fuentes de numerosos accidentes, con una gravedad que varía desde una simple cortadura hasta laslesiones incapacitantes, como ocurre cuando se afectan los órganos como los ojos, las manos, etc.

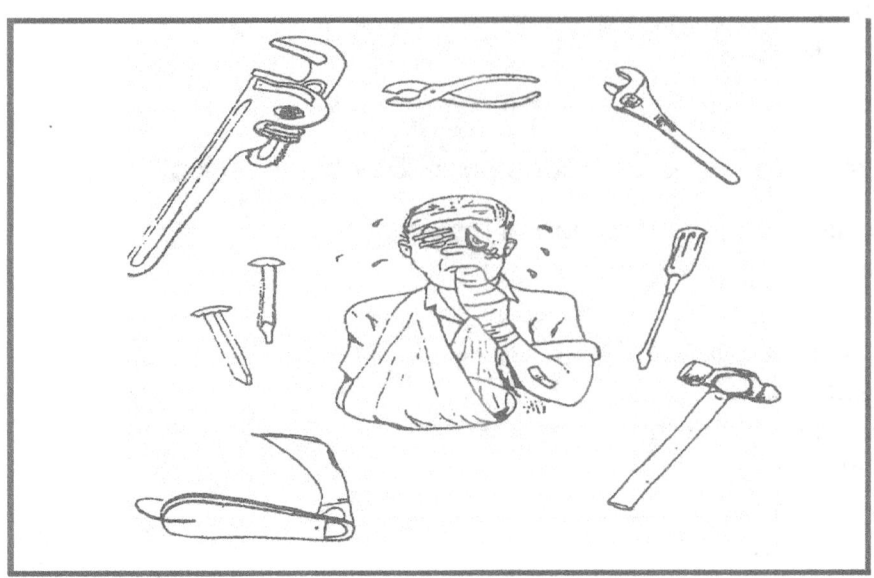

Las causas frecuentes de accidentes incapacitantes las generan la utilización inadecuada que se le brinda a una herramienta, la falta de conocimiento, la negligencia y la desobediencia a las instrucciones recibidas, llevan al trabajador a darle uso peligroso a las herramientas que puedan conducirlo a un accidente o al deterioro parcial o total del instrumento.

Mantenimiento Inadecuado

El mantenimiento de las herramientas y la atención de sus condiciones, constituyen un medio eficaz de prevenir los accidentes, sin embargo el descuido y maltrato de éstas pueden convertirlas en unos elementos altamente peligrosos para la integridad física del trabajador.

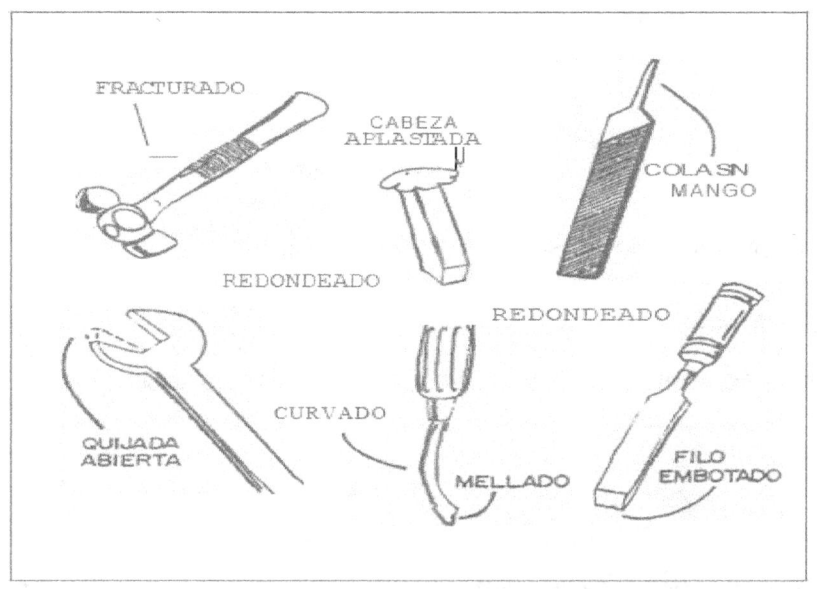

Procedimiento Incorrecto

Se refiere a la selección y manipulación impropia y equivocada de la herramienta a utilizar, según el tipo de trabajo que se debe realizar; generalmente, la falta de conocimiento o la negligencia por parte del trabajador puede determinar esta situación. Por ello, los trabajadores deben adiestrarse y conocer la aplicación y uso de todas y cada una de las herramientas, para evitar las graves consecuencias que generan los malos procedimientos (heridas, mala calidad del trabajo y daños a las herramientas)

Capitulo II

La Seguridad Industrial

¿Cuál es la importancia de la Seguridad Industrial?

La Seguridad Industrial permite identificar, evaluar, prevenir y controlar los factores de Riesgos de Accidentes que pueden ocasionar lesiones al personal, daños en los

equipos e instalaciones, interrupción en el servicio eléctrico, así como también, conservar el ambiente que circunda nuestras instalaciones.

Los Accidentes

¿Qué es un Accidente de Trabajo?

Un accidente es un hecho que no ha sido planeado, que no se desea y que tiene como resultado lesiones personales o daños a equipos e instalaciones.

Se entiende por accidente de trabajo toda¡; las lesiones funcionales o corporales, permanentes o temporales, inmediatas o posteriores, o la muerte, resultante de la acción violenta de una fuerza exterior que pueda ser determinada y que sobrevenga en el curso del trabajo por el hecho o con ocasión del trabajo; será igualmente considerado como accidente de trabajo toda lesión interna determinada por un esfuerzo violento, sobrevenida en las mismas circunstancias

Las Lesiones

¿Qué es una lesión?
Es todo daño físico o psíquico causado por un accidente de trabajo.

¿Qué tipo de lesiones existen?

1. Heridas:
    - Leves y Graves: Cortante, Puntopenetrante, Contusa
2. Fracturas:
    - Simple
    - Compuesta
    - Conminuta
3. Lujaciones y Dislocaciones
4. Desgarramientos
5. Quemaduras:
    - Primer grado
    - Segundo grado
    - Tercer grado
6. Trastornos Emocionales
7. Lumbalgias

¿Qué es una herida?

Es una lesión que afecta los tejidos del organismo y al revestimiento cutáneo o mucoso que lo protege.

Herida Leve
Son laceraciones superficiales (escoriaciones, raspaduras) que no afectan órganos y tejidos del cuerpo.

Herida Grave

Son heridas profundas que afectan regiones internas del organismo y pueden producir hemorragias e infecciones.

Existen Heridas Graves:

-Cortante: En la cual se produce la separación de los tejidos en el trecho dejado por el objeto cortante.

-Punzopenetrante: Es producida por objetos cortantes agudos, ocasionando hemorragia interna.

-Contusa: Causada por objetos romos, caídas, golpes y en la cual los tejidos pierden su elasticidad, produciéndose la rotura de los mismos.

¿Qué es una fractura?

Es el rompimiento de un hueso como consecuencia de un golpe, caída, torsión, impacto, etc. ·

La fractura puede ser:

-Simple

Cuando la fractura no afecta los músculos y tejidos.

- Compuesta

Cuando la fractura daña músculos, piel y puede producir hemorragia, dolor intenso e incluso conducir al "Shock"

-Conminuta

Cuando el hueso se fragmenta en trozos pequeños o en astillas.

¿Qué es una dislocación o lujación?

Consiste en la salida de un hueso de su correspondiente articulación y generalmente se produce por esfuerzos musculares violentos, un golpe o una caída.

¿Qué es un Desgarramiento Muscular?

Es un rompimiento parcial de un músculo o de un tendón, como resultado de un esfuerzo violento.

¿Qué es una Quemadura?

Es una lesión en tejidos u órganos producida por efectos del calor o agentes químicos.

Las Quemaduras pueden ser de:

- Primer grado

Es una quemadura seca que afecta a la epidermis, produciendo enrojecimiento.

- Segundo Grado

Es una quemadura húmeda que se caracteriza por la aparición de ampollas y afecta la epidermis y la dermis.

- Tercer Grado

Es una quemadura que afecta a todas las capas de la piel, impidiendo que el organismo genere células cutáneas.

Lumbalgias

Es toda lesión producida en la zona sacrolumbar de la columna vertebral por esfuerzos violentos, posturas inadecuadas o factores de riesgos ergomómicos.

¿Cómo se clasifican los Accidentes?

Dependiendo del tipo de contacto de la persona lesionada con el objeto, sustancia, exposición o movimiento que causó la lesión, los accidentes pueden ser:

- Golpeado contra:

Es cuando el lesionado golpea contra un objeto y es él quien lleva la fuerza.

-Golpeado por:

Es cuando un objeto golpea a una persona, siendo aquel el que lleva la fuerza.

-Atrapado por:

Aprisionado por partes de un mismo objeto.

-Atrapado entre:

Aprisionado entre dos objetos diferentes.

-Caída al mismo nivel:

Cuando la persona cae quedando en el mismo nivel donde estaba inicialmente.

-Caída a diferentes niveles:

Cuando la persona cae quedando en otro nivel distinto al que se encontraba inicialmente.

-Contacto con la electricidad:

Contacto con Equipos, Barras Energizadas.

-Contacto con Productos Químicos:

Lesión ocasionada por exposición o contacto con sustancias químicas peligrosas.

- Exposición a Radiaciones:

Fuentes de calor

Fuentes radiactivas

Rayos X.

¿Cuáles son los agentes causales de los Accidentes?

• Condiciones inseguras

Son las condiciones físicas o mecánicas existentes en el ambiente que rodea a la persona.

Entre las Condiciones Inseguras encontramos:

- Objetos defectuosos
- Piso resbaladizo
- Escalera rota
- Bordes cortantes
- Defensas rotas
- Tapa de canal dañada
- Iluminación y ventilación inadecuadas
- Escasa iluminación en el patio de la Subestación
- Concentración de aire viciado en Sala de Baterías
- Inexistencia de Señales de Prevención
- Ausencia de Avisos de Peligro y Señales de Prevención a la entrada de la Sala de Baterías

- Equipo de uso personal inseguro
- Guante de Protección perforado
- Zapato sin suela antirresbalante

Actos Inseguros

Se refieren a la Actitud y Aptitud del hombre. "El que no quiere"

"El que no puede" "El que no sabe"

Entre los Actos Inseguros encontramos:

- Levantamiento incorrecto
- Alzar inadecuadamente una botellon de agua destilada
- No usar Equipos de Protección Personal
- No usar el casco durante la jornada de trabajo
- No usar el uniforme
- No usar los guantes de trabajo
- Uso de Prendas y Objetos metálicos
- Usar anillos, cadenas, reloj en la ejecución del trabajo eléctrico
- Portar dinero en monedas durante las labores en la Subestación
- Actividades inadecuadas durante la ejecución del trabajo

-Riñas

-Juegos de mano

- Chistes

- Distracción

- Molestia a los compañeros

- Palabras obscenas

- No atender instrucciones del Supervisor

- No respetar las Medidas de Seguridad

- Operar Equipos sin autorización

- No esperar instrucciones del Centro de Control

CAPITULO III

Medidas de Seguridad

¿Qué son las Medidas de Seguridad?

Son el conjunto de acciones preventivas que se deben tomar para evitar accidentes.

¿Cuáles son algunas de las Medidas de Seguridad Industrial más importantes?

- Uso de Equipos de Protección Personal

Casco , Guantes, Botas de Seguridad, Uniforme

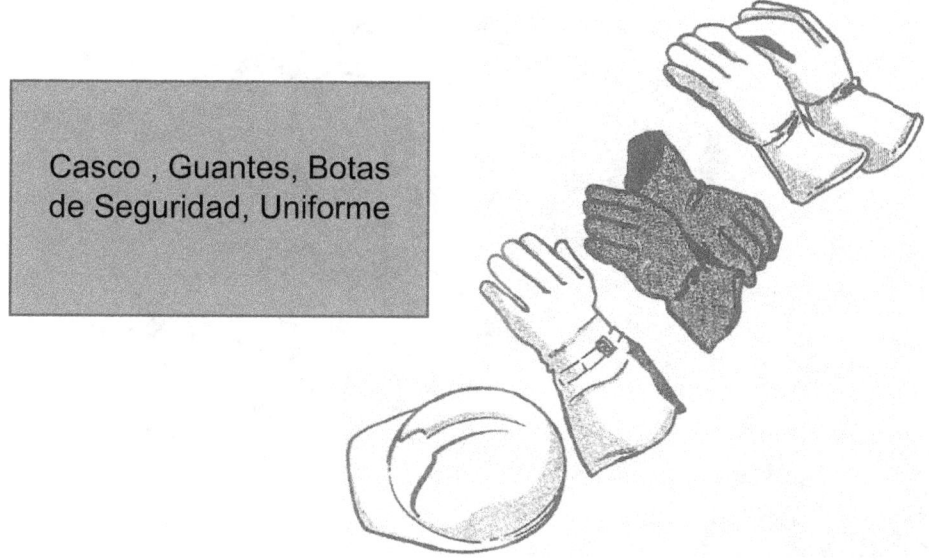

Conservar distancia mínima de seguridad

Mantenerse a 1metro de distancia en instalaciones con niveles de Tensión entre 72.1 y 121 KV.

Utilización de Equipos y Señales de Prevención Equipos:

Pértigas

Verificador de ausencia de tensión Señales:

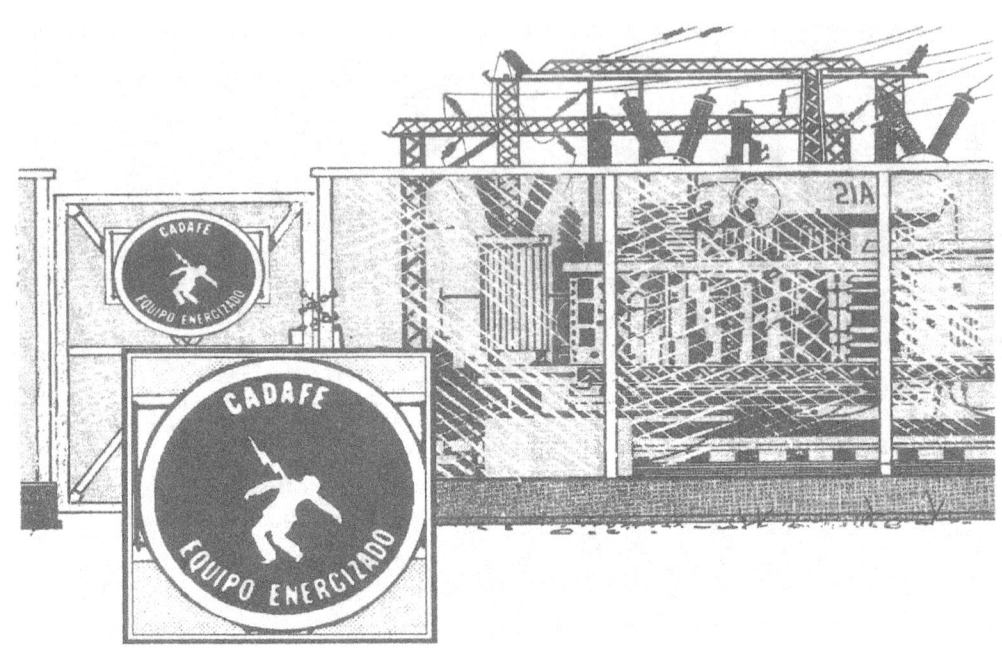

CAPITULO IV

Uso de los Equipos de Protección Personal

Casco de Seguridad con Barbiquejo.

¿Qué es?

Es un protector rígido que brinda protección a la cabeza y que se coloca en ésta mediante una suspensión adecuada.

¿Cuál es su importancia?

Amortiguar el impacto de un golpe:

Desviándolo y distribuyéndolo sobre la superficie de la coraza

Contrarrestando el golpe por medio de los elementos de suspensión

El casco empleado por los electricistas reúne características dieléctricas que le permite proteger al trabajador contra ciertas descargas eléctricas.

Puede evitar lesiones en la cara, cuello y cuero cabelludo, debido a derrame de ácidos o líquidos calientes.

Respetar Avisos y Señales de Prevención

•Respetar Avisos y Señales de Prevención

USE CASCO

PROHIBIDO FUMAR

USE BOTAS

Guantes Aislantes con protector de cuero

¿Cuál es su función?

Evitar el contacto directo del trabajador con equipos e instalaciones energizados, cuando realiza maniobras de operación directamente sobre los mecanismos de mando o a través de pértigas.

¿Cómo conservarlos en buen estado?

- Deben estar colocados en bolso de lona o materia similar, para preservarlos del polvo, sol, humedad, calor o frío excesivo.
- No deben doblarse.
- Al guardarlos en el bolso, el extremo del antebrazo debe colocarse en el fondo y la parte de los dedos hacia arriba. Así se evita que materias extrañas y animales entren al guante.
- No deben ser almacenados cerca de salones donde se realizan ensayos eléctricos, ya que el Ozono que se desprende puede atacarlos.
- No deben ser almacenados cerca de los conductores donde se produzca el Efecto Corona, por la misma razón anterior.

Calzado de Seguridad Aislante

¿Cómo es?

Es aquel diseñado y confeccionado de manera tal que suministre el máximo de seguridad y comodidad a los pies del trabajador, prestando especial atención a la protección contra los impactos y las fuerzas compresoras. Tiene características de Aislante Eléctrico.

¿Qué tipo utiliza el Electromecánico?

El calzado de seguridad que le corresponde utilizar al Electromecánico es el Media Caña sin Puntera.

Uniforme

¿Qué es?

Es el conjunto de prendas de vestir formado por pantalón y camisa, cuyo diseño y confección permiten proteger al trabajador en caso de descargas eléctricas o incendio, así como también su identificación como trabajador de la Empresa.

¿Cuáles son sus características?

- Camisa:

Es del tipo manga corta.

El material de la tela está compuesto por un mínimo de 80% de algodón y el 20% restante de fibra viscosa de origen vegetal.

Botones de material plástico.

- Pantalón:

Es del tipo jean índigo, color azul.

Corte recto

Triple costura

El cierre es de material sintético, con extremo cerrado de color azul.

El botón es de material plástico, redondo, de color azul, de apariencia lisa y mate, y perforación visible.

Hilos de coser de algodón.

No debe llevar remaches metálicos.

Distancia mínima de Seguridad

Es la distancia mínima que debe existir entre el trabajador y el Equipo o las instalaciones de una Subestación.

En la siguiente Tabla se muestran las Distancias Mínimas de Seguridad, tomando en cuenta el nivel de Tensión en Líneas energizadas

Tensión Nominal (KV)	Distancia Mínima A MASA (cm)		Distancia Mínima entre FASES (cm)		Altura Mínima A TIERRA (m)		
	Conductores rígidos y terminales de equipos	Conductores Flexibles	Conductores rígidos y terminales de equipos	Conductores Flexibles	Conductores rígidos y terminales de equipos	Conductores Flexibles	Conductores de Jlílido
13,8	26 (20)	26 + f	40	60	3,0	7,50	7,50
24,0	40 (26)	40 + f	100	100	3,0	7,50	7,50
34,5	40 (38)	40 + f	100	100	3,0	7,50	7,50
69,0	70	70 + f	1:/J	1:/J	4,0	7,50	10,0
115,0	110	110 + f	200	250	4,0	7,50	10,0
230,0	220	220 + f	300	400	5,0	7,50	12,0
400,0	35J	350 + f	400	600	6,00	10,0	16,0

Notas:
1) f= flecha. La flecha máxima no será mayor de 3% del vano.
2) Las distancias entre paréntesis se refieren a instalaciones interiores.

Pértigas

¿Qué son?

Son implementos de trabajo, de material aislante, utilizadas para la ejecución de maniobras en equipos bajo tensión.

¿Cómo mantenerlas en buen estado?

Deben estar protegidas del polvo, sol, humedad, calor y frío excesivo.

No deben almacenarse junto con otras herramientas o equipos

que puedan dañar sus cualidades aislantes.

Antes de usarse deben ser limpiadas con un paño seco (PAÑO o SILICONADO) para remover el polvo u otras impurezas de la superficie.

Cuando sufran el más leve deterioro o rayado, deben repararse adecuadamente.

Periódicamente se debe chequear el aislamiento de estos implementos.

Mensualmente el Inspector de Seguridad Industrial realizará chequeos con el equipo probador de pértigas.

El Verificador de Ausencia de Tensión

¿Qué es?

Es el equipo utilizado para detectar si existe o no tensión en un circuito eléctrico. La detección se indica por medios ópticos o acústicos.

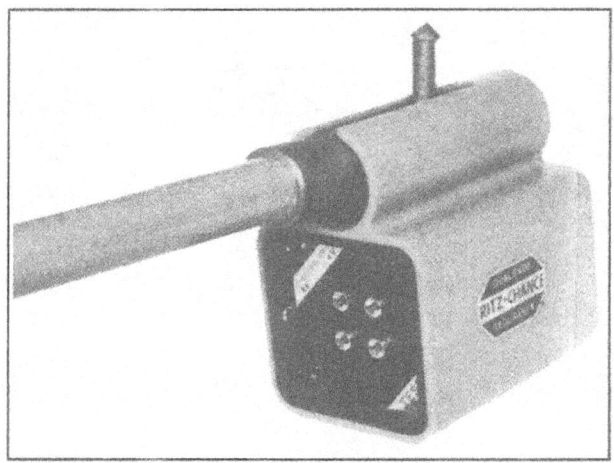

Equipo de Puesta a Tierra

¿Qué es?

Es aquel que permite conectar a tierra equipos e instalaciones desenergizados.

¿Con qué propósito?

A fin de proteger de electrocución al personal de mantenimiento, como consecuencia de la energización intempestiva de los equipos e instalaciones aterrados, originados por:

- Corriente de fallas
- Descargas atmosféricas
- Tensiones inducidas
- Energizaciones accidentales

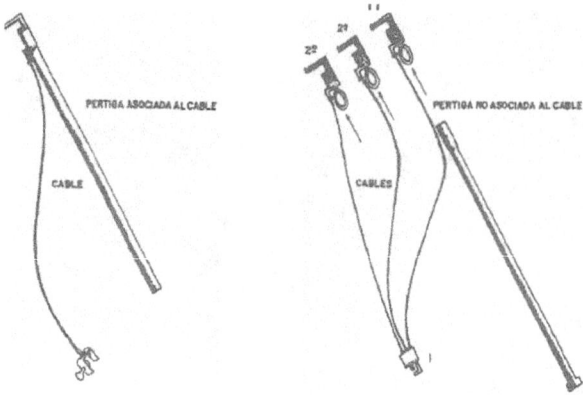

¿Qué puntos del área de trabajo deben ser puestos a tierra?

Todos aquellos que constituyan posibles fuentes de alimentación del área de trabajo.

¿Cómo poner a tierra un punto del área de trabajo?

- Verificar que los equipos de maniobra (Seccionadores asociados al Tramo) estén abiertos.
- Bloquear los mecanismos de mando de los Equipos de Maniobras.
- Delimitar el área de puesta a tierra.
- Verificar ausencia de Tensión.
- Conectar sólidamente el cable de puesta a tierra a la Malla de Tierra de la Subestación.
- Por medio de una Pértiga, conectar el (los) extremo(s) de los cables de puesta a tierra a los puntos que se quieren poner a tierra, ajustándolo sólidamente.

Esta operación debe comenzarse por la fase más próxima a la persona que ejecutará el trabajo o el mantenimiento, y para desconectar se invierte el procedimiento.

La operación de puesta a tierra puede ejecutarse con equipos independientes para cada fase, o equipos compuestos de tres (3) conexiones. Para estas dos alternativas se sigue el mismo procedimiento.

Avisos y Señales de Prevención

¿Cuál es su finalidad?

Evitar maniobras o actos que puedan poner en peligro la seguridad del Personal, así como proteger los Equipos.

Nota:

Los colores Verde y Azul= Información.

El color Amarillo= Prevención.

El color Rojo= Peligro

¿Cuáles Avisos y Señales de Prevención existen en una Subestación?

- Peligro. Equipo Energizado
- Equipo Consignado
- Área restringida
- No fume

- Prohibido fumar.
- Peligro de Incendio.

CAPITULO 5

Los Primeros Auxilios

¿Qué son los Primeros Auxilios?

Los Primeros Auxilios se definen como la atención o cuidado inmediato y temporal que se proporciona a una víctima de un accidente o enfermedad repentina, hasta tanto reciba la correspondiente atención de un médico.

¿Qué nos permiten los Primeros Auxilios?

- Reconocer la gravedad de la lesión y sus complicaciones.
- Impedir ulteriores lesiones mediante un tratamiento adecuado.
- Suprimir los estados amenazantes agudos: Hemorragias, asfixia, paro respiratorio, paro cardíaco, schock.
- Calmar los dolores.
- Proteger al lesionado de las infecciones y otras complicaciones.
- Proporcionar la mayor comodidad posible a la víctima para que no se agoten sus fuerzas.

- Trasladar adecuadamente al lesionado hasta donde pueda recibir asistencia médica.

Algunas recomendaciones que usted debe tomar en cuenta cuando preste auxilio a un lesionado

- No suministrar líquidos a una persona inconsciente.
- No intentar volver en sí a una persona inconsciente sacudiéndola, hablándole o agitándola.
- No levantar por la cintura a una persona accidentada.
- No distraerse con las personas que le rodean mientras suministra los primeros auxilios.
- No permitirle a la víctima ver sus lesiones o percatarse de la gravedad de su estado.

¿Qué técnica de Primeros Auxilios podemos aplicar?

- Respiración Artificial
- Respiración Boca-Boca
- Respiración Boca a Nariz
- Masaje cardíaco externo
- Atención de quemaduras
- Primeros Auxilios en caso de fractura

- Primeros Auxilios en caso de picaduras de insectos y mordeduras de serpiente

Respiración Artificial

¿Cuándo debernos suministrarla?

Inmediatamente cuando una persona haya recibido una descarga eléctrica o por cualquier accidente que le produzca asfixia, paro respiratorio.

Respiración Boca-Boca

¿Qué hacer?

Acueste boca arriba a la persona.

Incline la cabeza de la víctima de manera que su barbilla apunte hacia arriba.

Ábrale la boca, extraiga la lengua lo más rápido posible y retire las prótesis dentales (si las hay).

Coloque su boca (lo más abierta que pueda) sobre la boca de la víctima y, al mismo tiempo, tápele la nariz.

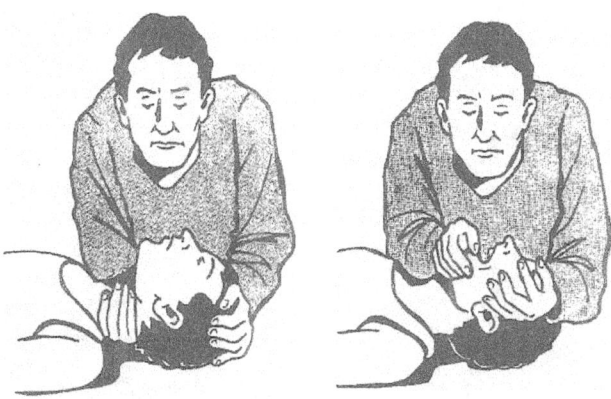

Sople aire en la boca de la víctima hasta que el tórax se expanda y se eleve.

Si esto no se produce, corrija la posición de la cabeza de la persona.

Si el tórax se expande, siga soplando de la manera indicada, a razón de 12 veces por minuto en el caso de adultos y 20 veces en caso de niños, con fuerza proporcional a la edad y contextura de la persona.

Continúe el procedimiento hasta lograr la reanimación respiratoria.

Una vez que la víctima ha sido reanimada, se puede proceder a su traslado a un centro médico asistencial.

Respiración Boca-Nariz

¿Cuándo debe suministrarse?

Cuando por alguna circunstancia no se pueda abrir la boca de la víctima.

¿Qué debe hacerse?

Colocar a la persona en la misma posición señalada paralarespiración Boca-Boca.

Colocar su boca alrededor de la nariz de la persona auxiliada.

Realizar el mismo procedimiento utilizado par a la respir ación Boca-Boca.

Una vez que la persona restablezca su respiración, se debe colocar de lado con la cabeza baja y las piernas dobladas, vigilándola atentamente hasta que sea atendida por personal médico.

Masaje Cardíaco Externo

¿Quién lo debe suministrar?

El personal médico o personas que hayan recibido entrenamiento especial para aplicar esta técnica.

¿Qué pasos seguir?

Colocarse de rodillas al lado de la persona. Colocar la palma de su mano sobre el esternón, cuatro (4) o cinco (5) cms. por encima de la "Boca del Estómago", y sobreponer la otra mano a la primera.

Ejercer presión firme y vertical a un ritmo de 60-80 veces por minuto.

Al finalizar cada acto de presión, suspenderlo, a fin de que la caja toráxica vuelva a su posición de expansión.

Es recomendable practicar la respiración Boca-Boca al mismo tiempo que el masaje, suministrando la respiración Boca-Boca en la base de descompresión del tórax, no volviendo a comprimir hasta que no haya terminado la insuflación si hay paro cardíaco y respiratorio

Si luego de dar doce (12) insuflaciones (Respiración Boca-Boca), se observan signos de parada circulatoria, se comenzará el masaje cardíaco externo, siguiendo la siguiente pauta:

Si es una sola persona la que auxilia:

Nueve (9) presiones extérnales

Dos (2) insuflaciones

Si son dos las personas las que auxilian:

Cinco (5) presiones extérnales

Una (1) insuflación

El procedimiento se repite hasta que la víctima se recupere.

¿Cómo comprobar la eficacia del masaje cardíaco?

La víctima recobra el conocimiento

Disminución de la palidez

Reanudación del pulso, aún con poca amplitud

Contracción de las pupilas

En caso de no comprobar estos signos, es recomendable que la persona sea atendida por personal médico.

Atención de Accidentados por Electrocución

¿Qué hacer en este caso?

Es importante que usted mismo se proteja cuando va a suministrar auxilio a una persona en esta situación. No toque al lesionado hasta tanto no se desconecte la fuente de electricidad. En caso de no ser posible, utilice algún elemento dieléctrico para separar a la persona del circuito (guantes para Alta Tensión, Pértigas, correa sin partes metálicas, camisas, mantas secas, etc.)

Una vez separada la víctima del contacto con la corriente eléctrica, es necesario comenzar lo antes posible los auxilios de reanimación en el mismo sitio del accidente, a menos que sea necesario trasladar a la víctima a otra atmósfera menos contaminada.

> Se ha establecido que en un tiempo muy corto, aproximadamente de 4 minutos, se produce a nivel del bulbo raquídeo y del cerebro lesiones irreversibles por falta de irrigación sanguínea, como consecuencia de la electrocución.

Atención de Accidentados por caídas y golpes

Las caídas frecuentemente ocasionan fracturas y, en estos casos, debemos hacer lo siguiente:

Examinar con mucho cuidado al lesionado, evitando cambiarlo de posición hasta no saber con precisión qué tipo de lesiones ha sufrido.

Trasladar cuidadosamente a la persona, y en el caso de existir fracturas en las extremidades:

Sujete la parte inferior del miembro fracturado (lo más alejado posible de la fractura) y colóquelo en la posición que más se aproxime a la posición natural. Aplique hiper extensión.

Aplique tablillas acolchonadas con algodón o trapos limpios y fíjelas bien (no demasiado apretadas), atándolas con vendaje, cinturón o cualquier otro accesorio similar. Las tablillas, situadas por encima y por debajo de la fractura, deben tener suficiente longitud para que sobrepasen las articulaciones.

Si la fractura es acompañada por hemorragia, levante el miembro afectado. Si el sangrado persiste, mantenga el miembro levantado y utilice en forma secuencial los siguientes procedimientos hasta que la hemorragia se detenga:

Ejerza presión directa

Haga presión en la arteria afectada

Utilice un torniquete, aflojándolo quince (15) minutos cada dos horas.

Traslade el lesionado al médico.

Otra lesión causada por una caída o un golpe es la dislocación. En este caso se aconseja proceder de la manera siguiente:

Colocar la parte lesionada lo más cómoda posible.

Colocar compresas frías a la coyuntura afectada para aliviar el dolor, contraer los vasos e impedir la hinchazón.

La dislocación de la cadera es un caso muy serio. Si es necesario trasladar el lesionado; colóquele una almohada o un saco doblado debajo de la rodilla del lado afectado.

Un codo o un hombro dislocado pueden ser sostenidos con un cabestrillo, teniendo cuidado de no subirlo ni apretarlo. Solamente se le debe dar soporte a la parte afectada.

Otro caso a considerar es la ocurrencia de desmayos como consecuencia de golpes o caídas. En estos casos se debe prestar la atención siguiente:

Aflójele la ropa al lesionado, especialmente alrededor del cuello.

Acueste la víctima con los pies en alto.

Si hay dificultad en la respiración, debe elevarse la cabeza y el tórax. Mantenga a la víctima arropada (caliente), pero no tanto para que sude.

Si la persona está consciente y no tiene lesiones abdominales, déle un poco de agua.

Si la víctima no responde inmediatamente, busque asistencia médica.

> **Los accidentes de los trabajadores de Subestaciones, Plantas y todas aquellas instalaciones eléctricas, se producen, generalmente, en circunstancias particulares; frecuentemente en lugares alejados de atención médica inmediata.**
>
> **Bajo esta situación, es muy importante estar preparados para prestar auxilio a quienes comparten con nosotros la gran tarea de operar y mantener Subestaciones Eléctricas y otras instalaciones de la Empresa.**

Botiquín de Primeros Auxilios

Es deseable y beneficioso que, al ocurrir un accidente, los adiestrados en Primeros Auxilios presten pronta ayuda al lesionado, ya que con ello se puede salvar una vida o evitar las consecuencias graves de una lesión.

La eficiencia de las medidas urgentes a aplicar dependerá, en gran parte, de que tengamos a mano los medicamentos necesarios para prestar el auxilio. Por esta razón, se impone la necesidad de que en todo centro de trabajo exista un Botiquín de Primeros Auxilios, el cual debe estar equipado con diferentes materiales y medicamentos que permitan atender con prontitud y efectividad a cualquier lesionado.

El Botiquín de Primeros Auxilios debe dotarse con los materiales más útiles, según las necesidades. Debe evitarse la existencia de grandes cantidades de medicamentos, pues ello complica la selección rápida en momento de emergencia. Además, debe tener las instrucciones de uso de los medicamentos

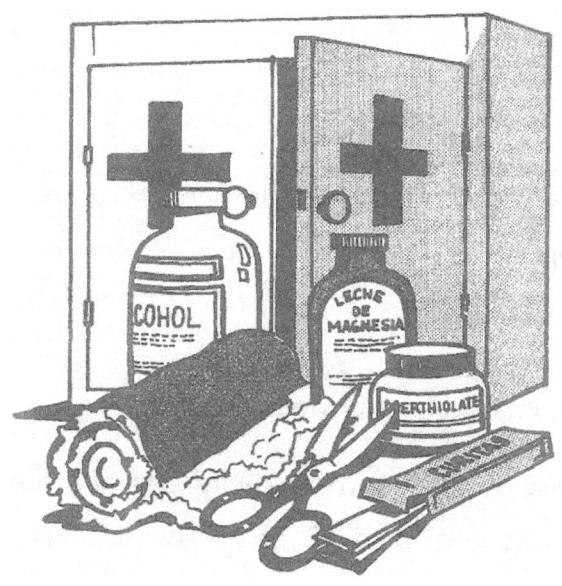

CAPITULO VI

Los Riesgos Eléctricos

La Electricidad es una de las fuentes de Energía más utilizadas en el mundo. Al igual que cualquier otra forma de Energía, puede ser tanto destructiva como constructiva. Puede ser directamente destructiva para nosotros al producirnos un choque eléctrico o quemaduras. Indirectamente destructiva al desencadenar explosiones e incendios.

La mayoría de los accidentes fatales ocurridos por el contacto con la Energía Eléctrica son ocasionados por corrientes de relativa baja Tensión de 110 a 220 Voltios; esto debido a que estas tensiones son las más utilizadas y existe el concepto equivocado de que no producen fatalidad.

Los accidentes eléctricos son típicamente profesionales en toda Empresa generadora, transmisora y distribuidora de electricidad. Por otra parte, son accidentes, en la mayoría de los casos, previsibles y, por tanto, evitables.

¿Qué es el Choque (Schock) Eléctrico?

El choque eléctrico es el efecto resultante de la circulación de corriente eléctrica a través del cuerpo humano.

¿Qué factores están relacionados al Schock Eléctrico?

Las diferentes reacciones que pueden producirse en el organismo humano tras el contacto con conductores de baja Tensión hasta 600V, dependen de los siguientes factores:

- La intensidad de la corriente.
- La resistencia eléctrica del cuerpo humano.
- La frecuencia y forma de la corriente.
- El tiempo de contacto.
- El trayecto de la corriente en el organismo.

¿Qué efectos tiene la intensidad de la corriente en la electrocución?

Existen dos (2) teorías que contestan esta pregunta:

• Teoría Bulbar

Esta Teoría sostiene que la muerte por choque eléctrico se debe a la inhibición de centros bulbares, cuyo principal efecto es la detención de la respiración, provocando la asfixia al cabo de un tiempo más o menos largo.

De esta teoría se desprende que una persona electrocutada debe ser atendida como víctima de inmersión, y debe dársele respiración artificial.

• Teoría Cardíaca

Esta Teoría se fundamenta en que la muerte proviene por la acción paralizante de la corriente sobre el corazón, produciéndose movimientos arrítmicos, no coordinados, en las fibras musculares del corazón (Tremulaciones Fibrilares). Cuando se produce la fibrilación ventricular, ocurre el deceso de la persona.

¿Cómo se clasifican las Corrientes Eléctricas?

Las corrientes eléctricas se han clasificado, según su intensidad y acción sobre el organismo, en diversas formas, siendo las más acertadas las siguientes:

- Intensidad inferior a 25mA

Se comprueba la aparición de contracciones musculares, sin ninguna influencia nociva sobre el corazón.

- Intensidad de 25 a 50 mA

Ocasionan parálisis temporal cardíaca y respiratoria.

- Intensidad de 50mA a 4 Amp.

Es la zona de intensidad particularmente peligrosa de producir la fibrilación ventricular.

- Intensidad superior a 4 Amp.

Produce parálisis cardíaca y respiratoria, así como graves quemaduras.

¿Cómo es la Impedancia del cuerpo humano?

El elemento esencial de la resistencia del cuerpo humano está constituído por la resistencia de la piel. Esta puede variar independientemente de que el voltaje se mantenga constante, no así la resistencia del medio interno del cuerpo.

Es un hecho comprobado que la corriente daña los tejidos, y que hay unos más sensibles que otros. Esta afirmación queda evidenciada con los valores de resistencia del cuerpo humano que se citan a continuación:

En el siguiente cuadro se muestran los efectos producidos en el organismo, para diferentes valores de Tensión y Resistencia del cuerpo humano:

Resistencia del cuerpo y resistencia de contacto	Tension de la corriente		
	100 voltios	1.000 voltios	10.000 voltios
500 a 1.000 Ohmios	Muerte cierta, quemaduras ligeras	Muerte probable, quemaduras evidentes	Supervivencia posible, quemaduras serias
5.000 Ohmios	Shock molesto, no hay lesiones	Muerte segura, quemaduras ligeras	Muerte probable, quemaduras serias
50.000 Ohmios	Sensación apenas perceptible	Shock molesto no hay lesiones	Muerte segura, quemaduras ligeras

¿Conoce usted los riesgos de las Tensiones y corrientes eléctricas?

Comencemos por la Tensión Inducida:

En lo que se refiere a la tensión, ésta puede asumir diversos valores que van desde algunos Voltios hasta tensiones elevadas. Las tensiones más bajas son las que producen el mayor número de accidentes, no sólo por ser la más utilizada, sino por la falsa creencia de que esta tensión es inofensiva.

Es difícil fijar una tensión específica donde se verifica el inicio del riesgo del schock eléctrico. Se puede partir de que esta tensión está por encima de seis (6) voltios.

De esta forma encontramos:

Para el nivel de 250 voltios, la protección de partes libres no requiere de consideraciones especiales en torno a la descarga eléctrica.

Por encima de 1 KV son necesarias las distancias mínimas entre las partes libres y aquellos bajo tensión, ya que de lo contrario puede producirse el schock eléctrico.

Veamos qué sucede con las Corrientes Inducidas:

Un individuo u objeto colocado en un campo eléctrico alterno, es sometido a una corriente eléctrica permanente.

La intensidad de esta corriente es función de la:

- Proximidad a la fuente de Tensión.
- Superficie sometida a la acción del campo eléctrico.
- Proximidad a otros objetos.
- Resistencia o impedancia del cuerpo humano, la cual es variable.

¿Qué tipos de corriente existen en la Subestación?

- Corriente permanente, circulando a través del individuo, al estar expuesto a un campo eléctrico. La intensidad de esta corriente es generalmente perceptible.
- Corriente transitoria o de descarga, cuando una persona aislada de tierra hace contacto con tierra. Esta corriente es función de la corriente permanente del individuo y su impedancia respecto a tierra. Esta corriente no representa riesgo, pero puede producir efectos físicos violentos.
- Corriente transitoria de choque o de descarga, cuando una persona que se encuentra sólidamente aterrada hace contacto con un objeto aislado de tierra. Esta corriente de choque puede producir efectos físicos violentos y representa un alto riesgo eléctrico para el hombre.

¿Qué recomendaciones prácticas debemos aplicar?

En la ejecución de trabajos en las Subestaciones, usted debe:

- Disponer de todos los equipos técnicos de protección, que servirán para la ejecución de labores e inspeccionarlos previamente.
- Disponer de la correspondiente Orden de Trabajo, Reporte de Seguridad y verificar la apertura del Permiso de Consignación asociado.
- Verificar, conjuntamente con el Jefe de Consignación, que el equipo esté desenergizado.

- Realizar inmovilización mecánica en posición de "Abierto", cuando sea posible, de los equipos de maniobras, corte o seccionamiento, que aseguren el corte visible de la corriente.

- Poner fuera de servicio todos los medios de comando a distancia de los equipos de corte o seccionamiento.

- Colocar en los mandos de los equipos desenergizados, tarjetas de consignación.

- Verificar la ausencia de Tensión en los equipos desenergizados, utilizando para ello el Equipo Verificador de Tensión.

- Proceder a la puesta a tierra del equipo

En la ejecución de trabajos en Líneas de Transmisión, usted debe:

- Disponer de todos los equipos técnicos de protección, que servirán para la ejecución de los trabajos e inspeccionarlos previamente.

- Disponer de la correspondiente Orden de Trabajo, Reporte de Seguridad y

- Verificar la apertura del Permiso de Consignación asociado.

- Mediante comunicación a través de Radio VHF debe solicitarle al Jefe de Consignación la información siguiente:

- Confirmación de que la línea a mantener se encuentra desenergizada.

- Confirmación de que los Seccionadores de Línea y Barra se encuentran bloqueados en la Posición "Abierto" y que el Seccionador de Puesta a Tierra se encuentra en la Posición "Cerrado".

- Confirmación de que se encuentran fuera de servicio todos los medios de mando a distancia de los Seccionadores de Línea y Barra asociados y que se han colocado las correspondientes Tarjetas de Consignación.

- Confirmación de que se puede dar inicio a los trabajos.

- Verificar la ausencia de Tensión en la Línea, utilizando para ello el Equipo Verificador de Ausencia de Tensión.

- Proceder a la colocación de las puestas a tierra, siguiendo las instrucciones siguientes:

1. Si el trabajo se realiza sobre una Torre o Estructura, se debe efectuar la puesta a tierra en la torre que antecede y en la que precede a aquella en la cual se va a trabajar, igualmente en la misma, debe ser puesto a tierra el conductor sobre el cual se ha de trabajar.

2. Si el trabajo a realizar requiere bajar el conductor, se debe efectuar la puesta a tierra en la torre que antecede y en la que precede a aquella en la que se trabajará; también deben ser puestos a tierra la polea de servicio y el güinche.

Durante la operación de bajada, tan pronto el conductor resulte accesible, debe ser puesto a tierra utilizando una pértiga.

3. Si el trabajo consiste en el corte del conductor, se debe proceder como en el caso "b", además se debe conectar un puente entre ambos lados del punto de corte; este puente debe ser puesto a tierra. El puente debe ser retirado una vez ejecutado el empalme.

4. Si el trabajo consiste en la sustitución de un tramo de conductor, se debe proceder como en el caso "b", además se deben conectar dos (2) puentes: Uno a ambos lados del punto de corte y otro a los extremos del nuevo conductor. Estos puentes deben ser retirados una vez concluida la operación de sustitución del conductor.

5. En el caso de que los trabajos mencionados en los puntos c y d se realicen a una distancia de la torre mayor a DIEZ (10) metros, la puesta a tierra se debe realizar a través de una o más barras copperweld.

¿Cómo identificar el área de trabajo con Indicaciones de Seguridad?

- Siempre es posible disponer de un área de trabajo aislada, la cual debe ser delimitada por cuerdas o redes, banderolas o conos. Todos estos elementos deben ser de color AMARILLO.

- La cuerda o red deberá colocarse circundando el equipo a una distancia tal que permita el movimiento del personal dentro del área de trabajo. Además, dicha cuerda debe estar colocada aproximadamente a una altura sobre el nivel del suelo de un (1) metro. Las banderolas deben ser colocadas en sitios tales que permitan resaltar el equipo o instalación consignado para el trabajo.

Medidas Particulares de Seguridad Integral para la Ejecución de Trabajos en los Equipos siguientes:

Transformadores de Potencia:

- Verifica que el transformador' esté totalmente desenergizado, seccionado y puesto a tierra"

Disyuntores:

- Verifica que el Disyuntor este totalmente desconectado, seccionado y puesto a tierra
- Verifica la apertura y seccionamiento del disyuntor, libera enclavamientos antes de extraerlo
- Desconecta la tensión del mando de la moto-bomba y despresuriza el sistema hidráulico
- Desconecta la tensión del mando del motor y libera la tensión del resorte

Seccionadores:

- Verifica la apertura y ausencia de tensión en el seccionador
- Verifica la apertura y ausencia de tensión, desconecta la tensión del mando

Transformador de Potencial

- Verifica la apertura del circuito secundario del transformador de potencial
- Verifica la puesta a tierra del borne HF
- Cortocircuita y conecta a tierra los terminales del primario del transformador de potencial

Transformadores de corriente

- Jamás debes interrumpir el circuito secundario del transformador de corriente

Parrayos

- Antes de tocar, conecta a tierra la conexión de alta tensión

Banco de baterías

- No fume, peligro de explosión

Utiliza guantes de goma, lentes protectores y delantal

- Para preparar un electrolito, debes verter el ácido en el agua y no el agua en el ácido, ya que ´puedes producir una explosión
- Evita una producción de chispas
- En caso de incendio utiliza extintor a base de halon

Transformador o Banco de Servicios Auxiliares de Corriente Alterna

- Verifica la apertura del seccionador - fusible y ausencia de tensión

Celdas

- Verifica la apertura del seccionador - fusible y ausencia de tensión

Red de Aire Comprimido

- Alta presión, trabaja con cuidado

Reactancias

- Verifica que la reactancia este totalmente desenergizada, seccionada y puesta a tierra

Bancos de Condensadores

- Descarga el banco de condensadores antes de iniciar cualquier trabajo

Líneas de Transmisión

- No lances herramientas, respeta las distancias mínimas de trabajo
- Abróchese el cinturón de seguridad durante su permanencia en el helicóptero

Recuerda que no hay ningún trabajo ni servicio tan urgente, que nos impida tomar tiempo para realizarlo con seguridad

CAPITULO VII

Levantamiento y Transporte de Cargas

Las lesiones que causa el levantar y el transportar cargas pesadas, constituyen un alto porcentaje de los accidentes de trabajo.

Cuando se adoptan posturas inadecuadas y se realizan movimientos corporales o esfuerzos físicos que exceden nuestra capacidad durante la ejecución de algún trabajo, pueden originarse deformaciones permanentes de la columna vertebral, lumbagos, calambres, espasmos, etc. Si se levantan o transportan cargas demasiado pesadas, este exceso de cargas puede traducirse en consecuencias perjudiciales para el corazón y el sistema circulatorio.

Para tratar de evitar que ocurran las lesiones antes mencionadas, se recomienda lo siguiente:

- Estudia la carga antes de levantarla, consigue ayuda s1 la carga es muy pesada.

- Usa las herramientas requeridas: equipos mecánicos, eléctricos o neumáticos para levantar objetos pesados.

- Evita utilizar tu cuerpo para aguantar o detener algo.

Para levantar objetos, la regla básica consiste en: con las piernas dobladas, con los pies ligeramente separados, y con la espalda recta, y tan cerca de la vertical como sea posible, los pies ligeramente separados, y con la espalda recta, y tan cerca de la vertical como sea posible, puedes levantar la carga enderezando las piernas hasta tu posición vertical de pie, como se muestra en la figura siguiente:

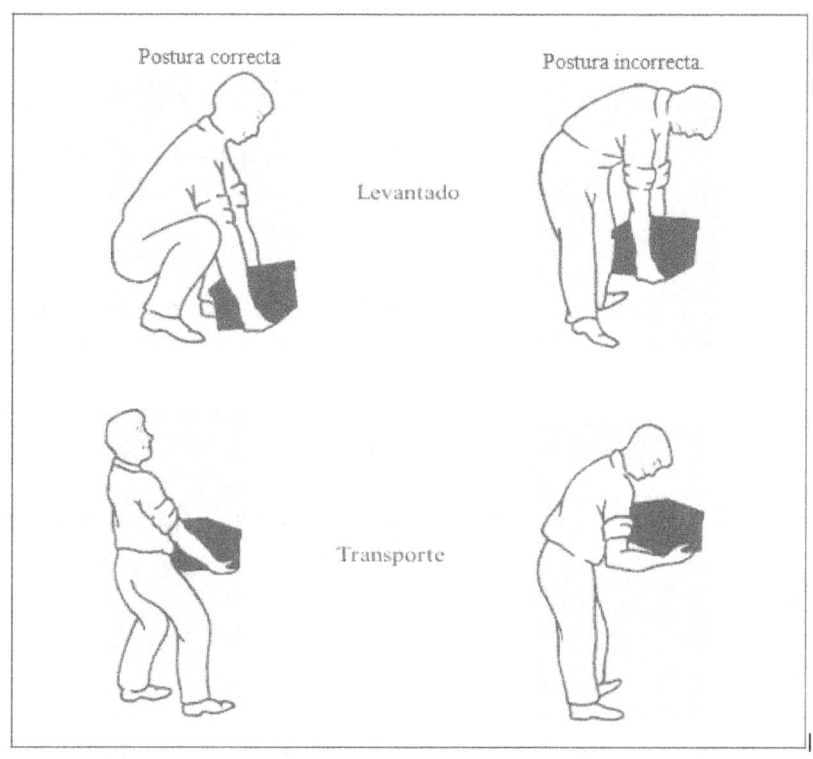

En las operaciones de levantamiento, transporte, carga y descarga de materiales pueden producirse en las manos heridas leves o graves debido a clavos, astillas, al material de precintado, a los bordes agudos. Estos riesgos pueden disminuirse utilizando guantes, a la vez que se obtiene un agarre seguro de la carga antes de levantarla.

Los problemas asociados con la elevación y el transporte manual de cargas pesadas pueden reducirse mediante el empleo de equipos mecánicos, eléctricos o neumáticos.

Los equipos de levantamiento, transporte y las cargas suspendidas, representan siempre un peligro, por lo tanto, se deben tener presente las normas siguientes:

- Usar medios apropiados según el peso, naturaleza, forma y volumen de la carga.

- No levantar pesos superiores a la capacidad nominal del equipo de levantamiento.

- Verificar el buen estado del mecate, eslinga, cadena, gancho a utilizar.

- Los amarres en un solo punto no ofrecen un buen control de la carga y están prohibidos para el caso de cargas largas.

- No efectuar tiros inclinados, los brazos de la eslinga deben quedar tan verticales como sea posible para disminuir los esfuerzos de tensión peligrosos impuestos por los ángulos grandes formados por los brazos, tal como se observa en las figuras.

- Las manos deben mantenerse alejadas del espacio que queda entre la eslinga y la carga.

- Deben utilizarse cuñas (de madera o de metal) para proteger las eslingas cuando éstas tienen que pasar sobre esquinas punteagudas de la carga, aunque la eslinga sea de material resistente como cadena o cable de acero.

- La carga no debe ser girada al tenerla levantada con una eslinga a manera de viento.

- El gancho de izado debe quedar ubicado sobre el centro de la carga que se trata de levantar.

- Las eslingas deben colgarse del centro del gancho izado y no cerca de la punta de éste.

- Inicialmente, la carga debe ser levantada sólo pocos centímetros para probar el equilibrio.

- El levantamiento de la carga debe realizarse en forma suave y uniforme, con el propósito de evitar tensiones bruscas, ya que los tirones pueden romper la ca- dena o eslinga.

- Evitar anudar la cadena o eslinga para recortarla.

- Las cargas no deben dejarse suspendidas.

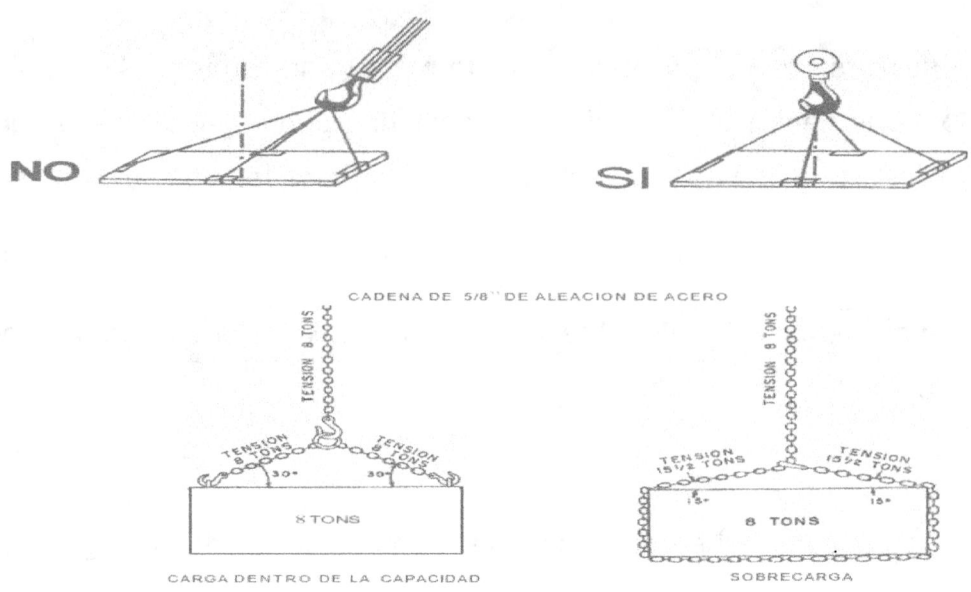

CAPITULO VIII

La Prevención y Extinción de Incendios

¿Qué es el fuego?

Es el resultado de una combustión con desprendimiento de luz y calor, es decir, el fuego se produce cuando los vapores, que desprenden los materiales combustibles, se mezclan en ciertas proporciones con el oxígeno del aire y son calentados a una determinada temperatura.

¿Cuáles son los componentes del fuego?

Como se señaló anteriormente, el fuego se origina de la combinación de tres (3) elementos:

- Combustible
- Comburente
- Calor

El Combustible

¿Qué es?

Está representado por cualquier material que puede ser oxidado; es decir, constituye el agente reductor en la combustión.

¿Qué tipos existen?

Sólido:

Papel, Plástico, Granos, etc.

Líquido:

Gasolina, Alcohol, Aceite, etc.

Gaseoso:

Gas natural Propano Hidrógeno, etc.

El Comburente

¿Qué es?

Este elemento representa el agente oxidante de la combustión. En la mayoría de los incendios, el agente oxidante es el oxígeno contenido en la atmósfera, y se halla en una concentración del 21% aproximadamente.

La ignición

¿Qué es?

Este agente representa la energía calorífica y proviene de una transformación de energía que puede ser absorbida por el combustible y, en algunos casos, producida por él mismo (combustión espontánea). Al aumentar la temperatura en el

combustible, a medida que absorbe y/o genera calor, y dependiendo de su característica de inflamación, éste entra en combustión.

¿Cuáles son las fuentes de calor?

Según datos estadísticos la mayoría de los incendios se pueden atribuir a cuatro (4) fuentes:

- La electricidad
- El fumar

- La fricción
- El recalentamiento de los materiales

¿Cómo se clasifican los incendios?

Incendio Clase "A"

Estos incendios son los que ocurren con materiales sólidos, como la madera, el papel, la viruta de madera, caucho, ciertos tipos de plásticos (termo estables), desperdicios y otros.

Para combatir este tipo de incendio se utiliza agua o algunos agentes de polvo químico seco, los cuales forman una capa que retrasa la combustión.

Incendio Clase "B"

Son los que ocurren en presencia de una mezcla de vapor-aire sobre la superficie de un líquido inflamable, como gasolina, aceite, grasa, pinturas, algunos disolventes

y ciertos plásticos. Para su extinción se utilizan polvos químicos secos, anhídrido carbónico y otros.

Incendio Clase "C"

Son los que ocurren en equipos e instalaciones eléctricas energizadas. Para su extinción se utiliza polvo seco, anhídrido carbónico y los líquidos vaporizantes.

¿Cómo podemos evitar y controlar el fuego?

Todas las medidas de prevención y combate del fuego, consisten básicamente en evitar la formación del Triángulo del Fuego.

¿Qué es lo primero que hay que hacer?

Identificar las causas del incendio; es decir, qué lo origina. Las principales causas son:

- Electricidad
- El fumar
- Fricción
- Recalentamiento de los materiales
- Llamas de quemadores
- Superficies calientes
- Chispas de combustión
- Ignición espontánea

- Cortes y soldaduras
- Incendios premeditados
- Chispas mecánicas
- Sustancias derretidas
- Acción química
- Chispas estáticas
- Rayos

Para contar con una adecuada protección anti incendio, es necesario considerar los factores siguientes:

- Determinación de los puntos que ofrecen peligro de incendio.
- Selección de los extintores adecuados.
- Determinación del número requerido de extintores.
- Instalación del equipo.
- Inspección y mantenimiento de los equipos.

¿Cómo se puede extinguir un incendio?

Los métodos establecidos para la extinción de incendios son:

- Extinción por enfriamiento
- Extinción por disolución de oxígeno (ahogamiento)
- Extinción por eliminación del combustible (remoción)

Extinción por enfriamiento

Este método es el más eficaz para reducir la temperatura de los materiales combustibles ordinarios. Para ello se utiliza el agua.

Extinción por disolución del oxígeno

En este caso se elimina la llama cubriéndola con una manta o con un agente químico.

Extinción por eliminación del Combustible

La eliminación del combustible puede lograrse, directamente, apartando del fuego el material combustible o, indirectamente, separando por algún procedimiento los vapores del combustible en la combustión de la llama.

¿Conoce usted la aplicación de los distintos tipos de extintores de incendio existentes en la Subestación?

El extintor es el equipo que contiene el producto o agente que sofoca el incendio (Extinguidor).

En las Subestaciones existen extintores de:

- Polvo Químico Seco (PQS)
- Dióxido de Carbono
- Gas Líquido (Halon)

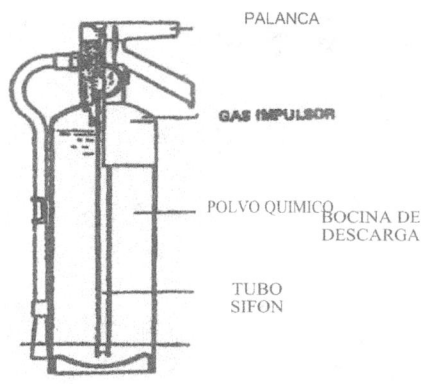

El Extintor de Polvo Químico Seco (PQS) Exiten dos (2) tipos:

- Extintor a Presión

Es un equipo al cual se le ha inyectado la presión necesaria para la descarga del polvo.

- Extintor Cartucho de Presión

Este tiene acoplado un cartucho con Dióxido de Carbono o Nitrógeno que, al pasar al cuerpo donde se encuentra el polvo, da la presión de expulsión.

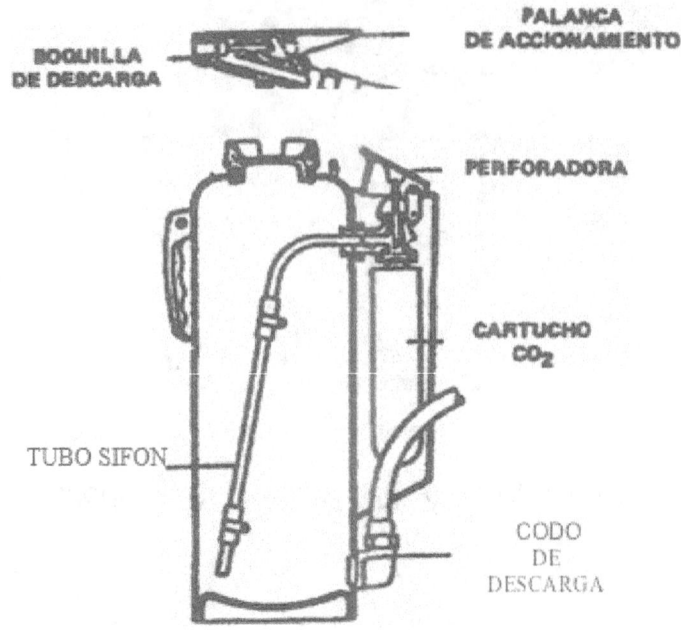

El Extintor de Dióxido de Carbono

Consiste en un envase metálico, diseñado para soportar presión de C02 que se encuentra licuado en su interior.

¿Cuál es la aplicación de ambos tipos?

Pueden ser utilizados en incendios clases "A", "B"

y "C".

El extintor de C02 sólo en fuegos B y C.

¿Cómo se operan?

Tome el extintor y llévelo al sitio del incendio.

Retire la argolla o pasador que sirva de seguro.

Accione la válvula para romper la cápsula de CO_2.

Dirija la boquilla de la manguera hacia la base del fuego, dándole la espalda al viento.

Oprima el mango de la boquilla para dar salida al material extinguidor. La descarga a la base del fuego debe hacerse en forma horizontal. Continúe con un movimiento de vaivén, como barriendo la llama

¿Cuál es su aplicación?

Se utiliza para incendios tipo "B" y "C".

¿Cómo se utiliza?

Tome el extinguidor y llévelo hasta el sitio del incendio.

Retire el seguro.

Dirija la boca de la manguera hacia la base del fuego, dándole la espalda al viento.

Oprima la palanca que se encuentra en el mango de agarre para dar salida al Dióxido de Ca bono, descargándolo en forma horizontal sobre la base del fuego a una distancia no mayor de tres (3) metros.

¿Cómo seleccionar el extintor adecuado?

La selección del tipo y cantidad de extintores está basada en dos aspectos fundamentales:

•Clase de fuego probable

•Potencial de efectividad

CAPITULO IX

Planificación del Mantenimiento

¿Qué es la Planificación del Mantenimiento?

Es una reunión de trabajo, que debe realizarse con anticipación a la ejecución de cualquier labor de mantenimiento.

¿Cuál es su objetivo?

Garantizar claros conocimientos de las características, magnitud y complejidad del trabajo a realizar.

¿Cuáles son los Documentos y Actividades que se analizan?

Para Trabajos en Subestaciones: los documentos requeridos son los siguientes:

- Orden de Trabajo y Reporte de Seguridad
- Permiso de Consignación
- Diagrama Unifilar de la Subestación donde se realizará el trabajo

> La Orden de Trabajo, el Reporte de Seguridad y el Permiso de Consignación, son documentos indispensables para la ejecución de cualquier trabajo de mantenimiento.

Las Actividades que se Analizan y se Discuten son las siguientes:

Con base a la Orden de Trabajo y al Diagrama Unifilar de la Subestación, se procede a:

La Identificación del Equipo o Equipos (tramo) que serán objeto de mantenimiento

La Delimitación del Área de Trabajo en el Diagrama Unifilar de la Subestación, la misma debe coincidir con la delimitación que se realizará en el sitio de trabajo.

El conjunto de Actividades de Mantenimiento que se le realizarán al Equipo o Equipos a mantener.

La Asignación de Responsabilidades y Tiempo de Ejecución de las Actividades a cada uno de los Grupos de Trabajo involucrados.

El contenido del Reporte de Seguridad

Los Recursos Humanos y Materiales a utilizar

Las Medidas de Seguridad Integral que se deben poner en práctica, así como los Riesgos a los cuales estará sometido el personal durante la realización de los trabajos.

Para Trabajos en Líneas de Transmisión: los Documentos requeridos son los siguientes:

Orden de Trabajo y Reporte de Seguridad

Permiso de Consignación

Planimetría de la Línea a mantener

Las Actividades que se Analizan y se Discuten son las siguientes:

Con base a la Orden de Trabajo y a la Planimetría de la Línea, se procede a:

La identificación de la Torre o Torres, Vano o Vanos a mantener.

La Identificación de la Topografía del Terreno y a la Accesibilidad al sitio donde se realizará el trabajo.

El conjunto de Actividades de Mantenimiento que se realizarán a la Torre o Torres, Vano o Vanos a mantener.

La Asignación de Responsabilidades y Tiempo de Ejecución de las Actividades a cada uno de los Grupos de Trabajo involucrados.

El contenido del Reporte de Seguridad

Los Recursos Humanos y Materiales a utilizar

Las Medidas de Seguridad Integral que se deben poner en práctica, así como los Riesgos a los cuales estará sometido el personal durante la realización de los trabajos.

¿Quiénes Participan en la Planificación del Mantenimiento?

En esta reunión de trabajo, debe participar el personal siguiente:

-Jefe de Consignación

-Jefe de Trabajos

-Técnicos de Cuadrilla, Capataz o Caporal de las Cuadrillas de Mantenimiento involucradas

-Ingenieros y Técnicos de Operación y Mantenimiento

www.ingramcontent.com/pod-product-compliance
Lightning Source LLC
Chambersburg PA
CBHW082254220526
45469CB00009B/2998